RÉPUBLIQUE FRANÇAISE

LA COMMISSION MÉTÉOROLOGIQUE DE LA MARNE EN 1895

PAR M. LE DOCTEUR GIRAUX

PRÉSIDENT DE LA COMMISSION

LETTRE-PRÉFACE DE M. MASCART, DIRECTEUR DU BUREAU CENTRAL. — L'OBSERVATOIRE AGRICOLE DU CONCOURS RÉGIONAL DE REIMS EN 1895. — COMPOSITION DE LA COMMISSION. — SÉANCE ANNUELLE : HIVER 1894-1895 ; RÉCOMPENSES. — RÉSUMÉ MENSUEL ET ANNUEL DES OBSERVATIONS DE L'ANNÉE 1894. — NUMÉRO SPÉCIMEN DU BULLETIN.

CHALONS-SUR-MARNE

IMPRIMERIE MARTIN FRÈRES, PLACE DE LA RÉPUBLIQUE 50

1895

RÉPUBLIQUE FRANÇAISE

LA COMMISSION MÉTÉOROLOGIQUE DE LA MARNE EN 1895

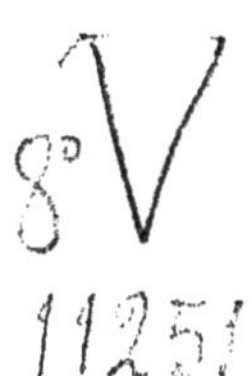

RÉPUBLIQUE FRANÇAISE

LA
COMMISSION MÉTÉOROLOGIQUE
DE LA MARNE
EN 1895

PAR M. LE DOCTEUR GIRAUX

PRÉSIDENT DE LA COMMISSION

LETTRE-PRÉFACE DE M. MASCART, DIRECTEUR DU BUREAU CENTRAL. — L'OBSERVATOIRE AGRICOLE DU CONCOURS RÉGIONAL DE REIMS EN 1895. — COMPOSITION DE LA COMMISSION. — SÉANCE ANNUELLE : HIVER 1894-1895 ; RÉCOMPENSES. — RÉSUMÉ MENSUEL ET ANNUEL DES OBSERVATIONS DE L'ANNÉE 1894. — NUMÉRO SPÉCIMEN DU BULLETIN.

CHALONS-SUR-MARNE

IMPRIMERIE MARTIN FRÈRES, PLACE DE LA RÉPUBLIQUE, 50

—

1895

BUREAU CENTRAL
MÉTÉOROLOGIQUE

60, Rue de Grenelle

CABINET DU DIRECTEUR

Paris, le 29 Octobre 1881.

Monsieur le Président,

Je vous remercie d'avoir bien voulu m'adresser deux exemplaires de la notice que vous venez de publier sur l'état actuel du service météorologique dans le département de la Marne.

Cette notice est fort intéressante, et je suis heureux de constater le rapide développement de ce service, établi dès maintenant dans votre département, grâce au zèle de la Commission dont vous êtes le Président, et conformément aux résolutions arrêtées à Paris, en Assemblée générale, par MM. les délégués des Commissions météorologiques.

Recevez, Monsieur le Président, l'assurance de ma considération la plus distinguée.

Le Directeur du Bureau central météorologique,

E. MASCART.

A Monsieur le Docteur Giraux, Président de la Commission météorologique, à Châlons-sur-Marne.

CONCOURS RÉGIONAL DE REIMS

1895

OBSERVATOIRE AGRICOLE

DE LA COMMISSION MÉTÉOROLOGIQUE DE LA MARNE

M. le docteur H. Henrot, Maire de Reims, et M. Lhotelain, Président du Comice agricole de cet arrondissement, pensant qu'un observatoire agricole est le complément utile du Concours régional tenu cette année dans cette ville, invitèrent la Commission météorologique de la Marne à ériger cet observatoire. Cette dernière accepta cette invitation, et, avec l'autorisation de M. Viguié, Préfet de la Marne, elle placera sur l'une des pelouses du parc de la Patte-d'Oie, les instruments nécessaires à ce genre d'étude.

La météorologie est la science du temps, et son but est la prévision des variations des phénomènes atmosphériques. Dans notre département, et dans l'état actuel de la science, des observateurs désintéressés relatent ces perturbations pour les prévoir plus tard. La devise de la Commission est donc : « J'enregistre pour prédire. »

Pour arriver à ce résultat, on se sert de ces instruments et appareils exposés dont voici l'énumération :

Une banderole ;

Une girouette ;

Un baromètre anéroïde ;

Un thermomètre à lecture continue ;

Un thermomètre maxima ;

Un thermomètre minima ;
Un thermomètre coudé ;
Un thermomètre pinceau ;
Un psychromètre ;
Un hygromètre à cheveu ;
Un baromètre enregistreur ;
Un thermomètre id.;
Un hygromètre id.;
Un pluviomètre totalisateur ;
Un pluviomètre de l'association scientifique ;
Un anémomètre de Robinson ;
Un actinomètre ;
Un héliographe Campbell ;
Un baroscope ;
Un évaporimètre ;
Un grand abri de Montsouris ;
Un petit abri du Bureau central.

A cet observatoire nous avons ajoué un tableau indiquant la prévision du temps et quelques ouvrages spécimens de la bibliothèque.

M. Thomas, directeur de l'école primaire de la rue Ponsardin et correspondant de la Commission météorologique, lui prêtera son bienveillant concours en faisant, chaque jour, pendant la durée de l'exposition, des relevés, le matin à 9 heures et le soir à 3 heures. Pendant ce temps-là, le public sera admis à visiter cet observatoire et à en suivre les expériences. Du reste, une notice explicative indiquant l'usage de ces instruments sera offerte gratuitement aux visiteurs.

Ces quelques mots suffiront, je crois, pour montrer l'importance de la science météorologique au point de vue de l'agriculture et tout l'intérêt que l'administration tutélaire porte aux habitants des campagnes. Il fait voir aussi que les observatoires de cette nature ont leur place marquée dans ces grandes exhibitions des produits anciens et des progrès modernes, et que le Concours régional de 1895 pourra inscrire celui-ci dans ses annales, à côté de l'exposition rétrospective, comme étant une exposition de l'avenir agricole.

COMPOSITION DE LA COMMISSION.

Par décret, en date du 14 mai 1878, le service de la météorologie est distrait de l'Observatoire de Paris et le Bureau central météorologique de France est créé. Par décision du 5 mars 1879, le Bureau central institue les commissions départementales et celle de la Marne est constituée le 1er avril 1879 par un arrêté préfectoral.

30 postes pour l'étude des phénomènes atmosphériques journaliers et 145 pour ceux des orages sont établis dans le département de la Marne.

Les commissions dépendent du Ministère de l'Instruction publique et leurs membres sont nommés par le Préfet. Elles ont donc le cachet officiel.

MEMBRES D'HONNEUR.

MM. VIGUIÉ, ✠, A. ❀, Préfet de la Marne.
MASCART, C. ✠, directeur du bureau central météorologique de France.

BUREAU.

Président, Docteur Giraux, A. ❀, ✚.
Vice-Président, Cornet, ✠, I. ❀, inspecteur d'académie.
Secrétaire-Trésorier, Doutté, M. A. ✤, I. ❀, professeur départemental d'agriculture.

MEMBRES.

MM. Belley, ingénieur des chemins de fer de l'Est.
Blondiot, directeur des postes et télégraphes.

MM. Faure, ✠, A. ✿, ancien député.
Guibert, M. A. ✠, vétérinaire délégué.
Hanra, A. ✿, professeur de physique à l'Ecole des Arts.
Lagout, ✠, ingénieur en chef des Ponts et Chaussées.
Langonet, ✠, I. ✿, directeur de l'Ecole des Arts.
Laurent, ingénieur de l'Ecole des Arts.
Maillet, ingénieur des Ponts et Chaussées.
Merlin, professeur de physique au collège.
Mouton, A. ✿, inspecteur primaire.
Piquet, A. ✿, directeur de l'Ecole normale.
Rigollet, A. ✿, professeur à l'Ecole des Arts.
Roger, A. ✿, météorologiste à Epernay.
Rotté, A. ✿, professeur de mathématiques au collège.
Simon, ancien secrétaire du Comice agricole.

MEMBRES AYANT QUITTÉ CHALONS.

MM. Bernard, ingénieur des ponts et chaussées.
Bouquet de la Grye, conservateur des forêts.
Casse, professeur de physique au collège.
Cauro, professeur au collège.
Charbonnier, principal du collège.
Chevalier, inspecteur primaire.
Delavelle, id.
Dreyfus, ingénieur de la navigation.
Fricotel, principal du collège.
Henry, ingénieur en chef des ponts et chaussées.
Jadot, directeur de l'Ecole normale.
Juglar, membre de la Société d'Agriculture, Commerce, Science et Arts de la Marne.
Lajoinie, principal du collège.
Lequeux, président du Comice agricole, démissionnaire.
Marson, ancien professeur du collège.
Massin, ingénieur des télégraphes.
Mathieu, directeur de l'Ecole normale.
Roinard, ingénieur de l'Ecole des Arts.
Wattebled, ingénieur des télégraphes.

MEMBRES DÉCÉDÉS.

MM. Aumignon, vétérinaire délégué.
Dumas, inspecteur d'académie.
Kirgener de Planta, professeur départemental d'agricultu^re
Marcilly, conservateur des forêts.
Maucourt, inspecteur d'académie.
Ménager, propriétaire et maire de Pogny.
Person, météorologiste à Sommesous.

OBSERVATEURS ACTUELS.

MM. Appert, instituteur à Givry-en-Argonne.
Barguet, id. à Fismes.
Boiteux, id. à Sainte-Menehould.
Bouy, id. à Verzy.
Breton, id. à Bourgogne.
Bugnot, id. à Baslieux-les-Fismes.
Cuvillier, id. à Vavray-le-Petit.
Davesne, id. à Vertus.
Demange, id. à Pierry.
Ecole Normale à Châlons.
Gallot, instituteur, à Courtisols.
Henriot, id. à Sézanne.
Lafayette, id. à Sermaize.
Leblanc, id. à Bassuet.
Lejeune, id. à Passy-Grigny.
Maurupt, id. à Moivre.
Nominé, id. à Thiéblemont.
Peyrillout, id. à Montmirail.
Remion, id. à Vitry-en-Perthois.
Thomas, A. ✿, id. à Reims.
De Lesseville, prop^re à Aulnay-l'Aître.
Despocq, id. à Vanault-le-Châtel.
Pérard, id. à Vernancourt.
Roger, A. ✿, id. à Epernay.
Adam, emp. des p. et ch., à Saint-Mard-sur-le-Mont.
Brimont, id. à la forêt de Trois-Fontaines.

MM. Dédet, emp. des p. et ch., à Suippes.
Gé, id. à Montmort.
Guillaume, id. à La Grange-aux-Bois.
Guillemin, id. à Sainte-Menehould.
Munot, id. à Vitry-le-François.

OBSERVATEURS AYANT CHANGÉ DE RÉSIDENCE OU MIS A LA RETRAITE.

MM. Andruette, instituteur.
Barrat, id.
Damantry, id.
Félix, id.
Féry, id.
Hagnerelle, id.
Loppin, id.
Lorphelin, id.
Marly, id.
Millet, id.
Petit, id.
Pichard, id.
Remiet, id.
Trailin, id.

STATIONS MÉTÉOROLOGIQUES.

I. — Station complète. — *Où l'on observe la pression barométrique, la température, la quantité d'eau tombée, la direction du vent, l'état du ciel et la marche des orages :*

Aulnay-l'Aître, à	102m	d'altitude.
Châlons,	89m	—
Courtisols,	157m	—
Epernay,	109m 87	—
Reims,	88m 30	—
Vanault-l-Châtel,	170m	—
Vavray-le-Petit,	163m	—

II. — Stations secondaires *où l'on n'observe plus le baromètre :*

Bassuet,	145m	d'altitude.
Fismes,	80m	—
Givry-e-Argonne,	175m	—
Ste-Menehould,	137m 50	—
Vitry-e-Perthois,	100m	—
Vertus,	120m	—
Verzy,	160m	—

III. — Stations pluviométriques, *où l'on n'observe plus ni le baromètre ni le thermomètre :*

Baslieux-les-Fismes,	80m	d'altitude.
Bourgogne,	90m	—
La Forêt de Trois-Fontaines,		—
La Grange-aux-Bois,		—
Moivre,	188m	—

Montmirail,	205m	d'altitude.
Montmort,	199m 10	—
Passy-Grigny,	110m	—
Pierry,	90m	—
Sermaize,	133m	—
Sézanne,	146m	—
Saint-Mard-sur-le-Mont,	185m 86	—
Suippes,	138m 40	—
Thiéblemont,	115m	—
Vernancourt,	130m	—
Vitry-le-François,	105m 05	—

IV. — Postes *spécialement chargés de l'étude des orages.*

Circonscription de Châlons-sur-Marne.

Saint-Etienne-au-Temple.
Ecury-sur-Coole.
L'Epine.
Pierre-Morains
Condé.
Bussy-Lettrée.
Moncetz.
Germinon.
Fagnières.
Champigneul.
Loisy-en-Brie.
Jonchery-sur-Suippe.
Juvigny.
Athis.
Vouzy.
Mourmelon-le-Grand.
Bussy-le-Château.
Aigny.
Vitry-la-Ville.
Bergères-les-Vertus.
Vaudemanges.
Les Grandes-Loges.
Marson.
Velye.
Saint-Hilaire-le-Grand.

Circonscription de Reims.

Aubérive.
Saint-Souplet.
Saint-Gilles.
Lagery.
Beine.
Warmériville.
Châlons-sur-Vesle.
Faverolles.
Moronvilliers.
Lavannes.
Arcis-le-Ponsart.
Villedommange.
Bétheniville.
Saint-Thierry.
Janvry.
Cormontreuil.
Saint-Masmes.
Cormicy.
Ville-en-Tardenois.
Trois-Puits.
Prunay.

Hermonville.
Chaumuzy.
Champigny.

Circonscription de Sainte-Menehould.

Dommartin-sur-Yèvre.
Somme-Bionne.
Somme-Py.
Charmontois-le-Roy.
Gizaucourt.
Hurlus.
Maffrécourt.
Gratreuil.
Auve.
Somme-Suippe.
Tilloy-Bellay.
Dommartin-la-Planchette.
Ville-sur-Tourbe.

Circonscription de Vitry-le-François.

Soulanges.
Changy.
Saint-Utin.
Ponthion.
Saint-Quentin-les-Marais.
Heiltz-le-Maurupt.
Saint-Remy-en-Bouzemont.
Sompuis.
Alliancelles.
Glannes.
Bussy-le-Repos.
Ambrières.
Soudé-Sainte-Croix.
Ecriennes.
Villers-le-Sec.
Giffaumont.
Saint-Ouen.
Cheminon.
Jussecourt.
Outines.
Coole.
Saint-Amand-sur-Fion.
Outrepont.
Margerie.
Humbauville.
Marolles.

Circonscription d'Epernay.

Ablois.
Cramant.
Verneuil.
Bouzy.
Damery.
Villers-aux-Bois.
Œuilly.
Bisseuil.
Jonquery.
Chouilly.
Brugny.
Festigny.
Hautvillers.
Sainte-Gemme.
Mardeuil.
Morangis.
Le Breuil.
Mutigny.
Sept-Saulx.
Fleury-la-Rivière.
Le Mesnil-sur-Oger.
Courthiézy.
Saint-Imoges.
Avize.
Dormans.
Ay.
Belval.

Circonscription de Sézanne.

Anglure
Béthon.
Gourgançon.
Le Vézier.
Coizard-Joches.
Marcilly-sur-Seine.
Courgivaux.
Broussy-le-Grand.
Fromentières.
Barbonne-Fayel.
Saint-Just.
La Forestière.
Vassimont.
Pleurs.
Saint-Saturnin.
Réveillon.
Le Gault.
Baye.
Lachy.
La Celle-sous-Chantemerle.
Fère-Champenoise.
Bouchy-le-Repos.
Orbais-l'Abbaye.
Saint-Loup.
Esternay.
Faux-Fresnay.
Verdon.
Etoges.

RÉCOMPENSES

Accordées aux Observateurs par M. le Ministre de l'Instruction publique.

1881.

Médaille d'argent. — M. Person, météorologiste à Sommesous.
Médaille de bronze. — M. Bouy, instituteur à Verzy.
Id. M. Félix, instituteur à Courtisols.
Id. M. Hagnerelle, inst. à Vitry-en-Perthois.
Id. M. Vautrin, médecin à Giffaumont.

1882.

Médaille d'argent. — A l'Ecole Normale de Châlons.
Médaille de bronze. — M. Denis, chef cantonnier à Saint-Mard-sur-le-Mont.

1883.

Médaille de bronze. — M. Barguet, instituteur à Fismes.
Id. M. Andruette, inst. à Givry-en-Argonne.
Id. M. Pouillard, instit. à Sainte-Menehould.

1884.

Médaille de bronze. — M. Boiteux, instituteur à Sézanne.
Id. M. Cuvillier, instit. à Vavray-le-Petit.

1885.

Médaille de bronze. — M. Despocq, météor. à Vanault-le-Châtel.
Id. M. Thomas, instituteur à Reims.

1887.

Médaille de bronze. — M. Remiet, instituteur à Vertus.

1889.

Médaille de vermeil.— M. PERSON, météorolog. à Sommesous.
Médaille de bronze. — M. PÉRARD, id. à Vernancourt.
Id. M. LAFAYETTE, instituteur à Sermaize.

1890.

Médaille de bronze. — M. MILLET, instituteur à Montmirail.

1891.

Médaille d'argent. — M. BOITEUX, institut. à Sainte-Menehould.
Médaille de bronze. — M. MASSONNAT, institut. à Thiéblemont.

1892.

Médaille d'argent. — M. DESPOCQ, météor. à Vanault-le-Châtel.
Médaille de bronze. — M. DEMANGE, instituteur à Pierry

1893.

Médaille d'argent. — M. CUVILLIER, inst. à Vavray-le-Petit.

1894.

Médaille d'argent. — M. BARGUET, instituteur à Fismes.

SÉANCE ANNUELLE

DE LA

COMMISSION MÉTÉOROLOGIQUE

DE LA MARNE

DU 22 AOUT 1895

La Commission départementale de Météorologie de la Marne a tenu le 22 Avril, à 4 heures et demie du soir, dans un des salons de l'hôtel de la Haute-Mère-Dieu où un lunch était offert à ses observateurs, sa séance annuelle.

Elle était présidée par M. Reboul, secrétaire général de la Marne, remplaçant M. le Préfet, retenu à la séance de l'Assemblée départementale. Il avait à sa droite M. Léon Bourgeois, Député de l'arrondissement, et à sa gauche M. le docteur Giraux ; en face, avaient pris place MM. le Professeur départemental d'agriculture et le Directeur de l'Ecole normale.

M. le Secrétaire général a présenté les excuses de M. le Préfet, de M. le Sénateur Poirrier et de M. Sarrazin, Président du Conseil général et a remercié M. le docteur Giraux de son aimable invitation en le félicitant, ainsi que ses Collègues, du résultat de leurs travaux ; puis il a donné la parole à M. le Président qui a exprimé les regrets de plusieurs collègues, correspondants et invités, parmi lesquels M. Faure, ancien député, le doyen d'âge de la Commission, et M. Cornet, Inspecteur d'Académie, le vice-président, qui, pour différentes raisons, n'ont pu se rendre à son invitation.

Il a adressé ensuite ses remerciements à MM. Reboul et Léon Bourgeois, dont la présence à cette réunion témoignait de l'intérêt qu'ils portent à la science et aux travaux des observateurs.

Après le discours de M. le docteur Giraux, M. Léon Bourgeois se leva à son tour et présenta ses félicitations à l'honorable Président de la Commission et se fit l'interprète des espérances que les agriculteurs fondent sur les travaux et les recherches des observateurs. Il leur exprima à tous sa reconnaissance et témoigna de tout l'intérêt qu'il porte à la science météorologique, qui est à la veille de ravir aux éléments leurs secrets.

DISCOURS

DE M. LE DOCTEUR GIRAUX

Président de la Commission

Messieurs,

En vous conviant aujourd'hui à cette réunion intime, nous n'avons eu d'autre but que de vous montrer notre satisfaction et de nous mettre en contact plus direct les uns avec les autres. C'est, je crois, un moyen simple et facile de nous connaître davantage et de nous estimer. Mettons donc de suite ces paroles en pratique et, avant d'aborder les choses sérieuses, imitons nos bons aïeux qui, selon Béranger, « trinquaient pour boire et puis buvaient pour trinquer. » Je vous propose donc, Messieurs, de vider votre verre en l'honneur de M. le Préfet Viguié et de notre Député M. Léon Bourgeois.

Messieurs, cette petite agape ne doit pas nous faire oublier notre devoir. Chaque année à pareille époque, je passe en revue avec vous les travaux les plus saillants et les phénomènes météorologiques les plus remarquables, qui ont eu lieu dans l'année écoulée. Je vais donc encore cette fois vous faire ce compte-rendu rétrospectif et le sujet qui s'offre tout naturellement à mon esprit est l'hiver exceptionnellement rigoureux que nous venons de subir. Je vais tâcher de vous en faire l'historique, au point de vue de notre département, et d'en rechercher avec vous les causes présumées.

L'HIVER MÉTÉOROLOGIQUE

1894-1895

Du 1er Décembre au 1er Mars.

Le mois de Décembre a été relativement très doux. Deux jours d'un froid assez vif : le 11 et le 12 où le thermomètre est descendu à — 9° à notre station de Sainte-Ménehould sont seuls à signaler. Les autres jours, si le minimum était au-dessous de 0° pendant la nuit, le maximum oscillait entre + 5° et + 10° pendant la journée. Le 24, le 25, le 26 nous ont donné des températures élevées, + 8° et + 9° ; le 25 surtout nous avons eu à Châlons une journée printanière avec un soleil radieux.

Cependant ce mois a été assez pluvieux, la cote la plus élevée a été observée à Sermaize dont le pluviomètre a marqué 80 m/m 4. Cette quantité n'a pas suffi pour faire monter les sources, car à Bassuet notamment les puits étaient encore à sec.

Dans notre département, l'hiver ne s'est véritablement fait sentir qu'à partir du 4 janvier. Ce jour-là, le thermomètre est subitement descendu à — 12° à Sainte-Ménehould, car la veille il marquait encore — 3°. Puis le froid a continué avec plus ou moins d'intensité jusqu'au 21 février, dernier jour de grand froid avec — 11°, le lendemain, le thermomètre étant remonté à — 3°5.

En somme, dans notre région, la température a été au-dessous de — 10° pendant 27 jours.

Les plus grands froids ont été observés pendant le mois de janvier à

Sainte-Ménehould........	le 28	avec........	— 24°
Aulnay-l'Aître...........	le 31	»	— 21°3
Vavray-le-Petit..........	le 29	»	— 19°
Givry-en-Argonne........	le 29	»	— 19°
Vanault-le-Châtel........	le 29	»	— 19°
Courtisols..............	le 28	»	— 19°

Fismes	le 27 avec	— 19°
Bassuet	le 28-29	— 18°
Vitry-en-Perthois	le 29 »	— 17°
Châlons	le 30 »	— 17°
Verzy	le 29 »	— 16°6
Reims	le 30 »	— 15°
Epernay	le 30 »	— 14°9
Vertus	le 5, le 30, le 31	— 12°

Pendant le mois de février à

Sainte-Ménehould	le 14 avec	— 23°5
Vitry-en-Perthois	le 1er »	— 23°5
Fismes	le 14 »	— 22°
Aulnay-l'Aître	le 1er, le 14 »	— 21°3
Vertus	le 16 »	— 21°
Courtisols	le 11 »	— 20°
Vanault-le-Châtel	le 1er »	— 19°4
Châlons	le 15 »	— 19°
Bassuet	le 1er »	— 18°5
Vavray-le-Petit	le 1er, le 2 »	— 18°
Givry-en-Argonne	le 1er, le 2 »	— 18°
Verzy	le 1er »	— 16°
Reims	le 9 »	— 16°
Epernay	le 1er, le 14 »	— 15°5

Si nous comparons la température de nos stations le même jour, par exemple le 28 Janvier, jour le plus froid de l'hiver, selon notre observateur de Sainte-Ménehould, nous relevons les degrés suivants à

Sainte-Ménehould	— 24°
Aulnay-l'Aître	— 19°
Courtisols	— 19°
Fismes	— 18°7
Bassuet	— 18°
Vanault-le-Châtel	— 17°
Givry-en-Argonne	— 17°
Vavray-le-Petit	— 16°5
Vitry-en-Perthois	— 16°
Verzy	— 15°9

Châlons	— 14°
Epernay	— 13°9
Vertus	— 11°

Le 1er Février, jour le plus froid du mois avec le 14, nous avons à

Vitry-en-Perthois	— 23°5
Sainte-Ménehould	— 22°75
Aulnay-l'Aître	— 21°3
Vanault-le-Châtel	— 19°4
Fismes	— 18°9
Bassuet	— 18°5
Vavray-le-Petit	— 18°
Givry-en-Argonne	— 18°
Verzy	— 16°
Châlons	— 16°
Épernay	— 15°5
Vertus	— 15°5
Courtisols	— 13°

D'après ces tableaux, il résulte que si l'on partage le département par une ligne qui irait du Nord au Sud, en passant par Châlons, on trouverait, en regardant le Nord, que nos stations les plus froides sont à droite de cette ligne et les moins froides à gauche, à l'exception de Fismes, toutefois, dont la température est sensiblement la même que celle de Bassuet et de Givry-en-Argonne.

Dans un ordre d'idées contraires, Sainte-Ménehould aussi fait exception à la règle formulée par M. Renou, directeur de l'Observatoire du Parc Saint-Maur, que la température des villes est plus élevée que celle des campagnes puisque Sainte-Ménehould est notre station la plus froide.

Bien que je sache que la loi de Gay-Lussac ne soit pas applicable dans notre département à cause des accidents de terrain trop peu accentués, je n'en ai pas moins eu la curiosité de comparer la température de nos stations entre elles au point de vue de l'altitude. J'ai constaté cette bizarrerie, que Vitry-en-Perthois, qui est situé à 100 m. au-dessus du niveau de la mer, avait le 1er février, — 23°5, tandis que Sainte-Ménehould qui est à 137 m. 50 d'élévation n'a eu que — 22°75 ce jour-là. L'écart est encore plus sensible entre Vitry-en-Perthois et Verzy qui est à 160 m. et dont la température était le 1er février de — 16°. Cette anomalie se remarque également entre Fismes à 80 m. et Givry-en-Argonne à 175 mètres de hauteur, qui ont eu le même jour 1er février, l'un — 18° et l'autre — 18°9, c'est-à-dire le même degré thermométrique. Il résulte de cette comparaison, que la température dans notre région était d'autant moins basse que l'altitude était plus grande, ce qui est contraire à la loi citée plus haut. Il paraît, me disait la semaine dernière, en riant, le Directeur du Bureau central météorologique de France, que depuis 1889 les éléments eux-mêmes ont subi l'influence de l'Exposition, car la température, par un temps clair et calme est plus élevée et plus douce au sommet de la tour Eiffel qu'au niveau du sol; mais plus haut, la loi de Gay-Lussac reprend ses droits.

Quoi qu'il en soit, nous ne pouvons tirer aucune déduction de cette étude faite sur un si petit théâtre, et nous devons nous contenter d'invoquer les mille conditions géographiques, topographiques et météorologiques pour expliquer ces différences thermométriques.

Naturellement, les moyennes de ces deux mois suivent les relevés quotidiens et diffèrent également d'un poste d'observation à l'autre. Ces moyennes varient pour le mois de janvier entre — 12°23 obtenues à Aulnay-l'Aître, et — 3°53 à Vertus pour la moyenne minimum : — 4°24 obtenues à Sainte-Ménehould et — 1°72 à Vertus pour la moyenne réelle.

Pour le mois de février, entre — 13°27 obtenues à Sainte-Ménehould et — 8°59 à Verzy pour la moyenne minimum ; — 8°25 à Sainte-Ménehould et — 1°41 à Vanault-le-Châtel pour la moyenne réelle.

Moyennes du mois de Janvier.

	Minima.	Réelles.
Aulnay-l'Aître................	— 12°23	— 2°4
Sainte-Ménehould............	— 7°74	— 4°24
Fismes......................	— 5°92	— 2°66
Courtisols..................	— 5°66	— 2°16
Châlons.....................	— 5°55	
Vanault-le-Châtel...........	— 5°11	— 0°31
Vitry-en-Perthois...........	— 5°1	— 2°4

Epernay	— 5°1	— 3°
Givry-en-Argonne	— 4°40	— 2°70
Bassuet	— 4°9	— 2°8
Vertus	— 3°53	— 1°72

Moyennes du mois de Février.

	Minima.	Réelles.
Sainte-Ménehould	— 13°27	— 8°25
Aulnay-l'Aître	— 12°37	— 8°19
Fismes	— 12°11	— 6°85
Vitry-en-Perthois	— 11°3	— 6°7
Châlons	— 10°	
Courtisols	— 9°98	— 3°73
Vanault-le-Châtel	— 9°27	— 1°41
Bassuet	— 9°4	— 7°5
Vertus	— 8°91	— 5°91
Givry-en-Argonne	— 8°9	— 7°1
Verzy	— 8°59	— 6°25
Epernay	— 8°8	— 6°2

Ces différences aussi sensibles dans les degrés thermométriques et dans les moyennes tiennent, d'une part, aux causes multiples déjà indiquées ; d'autre part, à ce que les observations ne sont pas faites à la même heure, ce qui doit évidemment amener une différence dans les résultats.

Lorsqu'on fait trois observations par jour, on doit choisir, autant que possible, 6 heures du matin, midi et 9 heures du soir, ou bien 7 heures du matin, 2 heures et 9 heures du soir.

Si on ne peut faire que deux observations par jour, on doit prendre 9 heures du matin et 9 heures du soir, ou encore 8 heures du matin et 8 heures du soir, mais de préférence la première de ces deux séries.

Enfin, si l'on se borne à une seule observation, on la fera à 9 heures du matin ou à midi.

Quant à la pression barométrique, la plus basse a eu lieu le 16 janvier avec 734 m/m 8, et la plus haute le 19 avec 751 m/m 8 à Epernay à 109 m. 87 d'altitude, et à Aulnay-l'Aître à 102 m. Dès le13, la colonne mercurielle était descendue à 735 m/m et le thermomètre était remonté à + 3°, ce qui a amené un dégel qui a donné 8 m/m 5 d'eau.

Pendant le mois de février, le baromètre est descendu à 735 m/m le 11, et le thermomètre est remonté brusquement de — 19° 5 à — 4° à Aulnay-l'Aitre à 102 m.; de — 21° 2 à — 7° 5 à Sainte-Menehould à 137 m. 30 et on a eu dans ces localités 0 m/m 7 de neige.

La tempête du 23 au 24 janvier fait descendre le baromètre à 736 m/m et fait remonter le thermomètre à + 2° 5, ce degré détermine une détente dans la rigueur du froid, et une avalanche de neige qui, à Givry-en-Argonne, va jusqu'à 0 m. 15 centimètres d'épaisseur le 26, et 0 m. 19 cent. le 31.

La hauteur pluviométrique varie entre 81 m/m relevés à Sermaize et 28 m/m observés à Courtisols pendant le mois de janvier.

Pour le mois de février, les extrêmes sont 11 m/m 3 à Fismes et 1 m/m à Montmirail. La quantité d'eau tombée est donc en raison inverse de l'altitude, car Fismes est à 80 m. et Montmirail à 205 m. d'élévation.

Ici encore, nos relevés mettent la règle en défaut puisqu'on admet, dit Arnould, que l'influence la plus générale sur la pluie, est celle de l'altitude, à tel point même, qu'on a pu dire que la carte hyétologique de la France est, dans une certaine mesure, orographique.

Du reste, dans Elisée Reclus on constate en certaines régions montagneuses, que les courbes d'égal niveau se confondent exactement avec les courbes indiquant l'accroissement des pluies. Enfin, ces chiffres le montrent également ; tandis qu'il ne tombe que 580 millimètres d'eau dans la vallée du Rhin, les Hautes-Vosges en reçoivent 1,100 à 1,200 millimètres.

Pour être complet, je dois ajouter que la terre, pendant cette période de froid, a été gelée jusqu'à 0 m. 60 centimètres de profondeur.

Eh bien, quelles conséquences peut avoir une température aussi basse? Quels sont ses avantages, quels sont ses inconvénients?

Dans notre région — 20° de froid pendant 27 jours auraient bien certainement occasionné de grand dégâts si la neige dont la terre était recouverte n'avait pas abrité nos arbustes et nos céréales ; grâce à ce manteau protecteur, les blés et les plantes potagères n'ont pas souffert, cet exemple le prouve : un jardinier de Saint-Memmie m'a fait remarquer une planche d'épinards, dont une moitié avait été cachée sous des paillassons et l'autre recouverte de neige ; la partie cachée avait souffert de cette basse température à tel point que la plante était réduite à sa racine et la partie sous la neige était grande et magnifique. La neige est donc le meilleur moyen de protection des végétaux contre le froid. Aussi, cette année, n'avons-nous aucun dégât sérieux à enregistrer.

Si cet hiver ne nous a pas donné de graves inconvénients, il ne nous a pas fait de grands avantages. En effet, on pense généralement que le froid tue les insectes nuisibles, mais il doit tuer aussi, je pense, les insectes utiles. Or, il ne les tue ni les uns ni les autres, comme l'atteste l'expérience suivante : le capitaine Ross, dans son expédition au Pôle Nord, avait emporté une boîte renfermant des chenilles ; il les exposa sur le pont du navire à une température de — 42° et les congela, puis les fit réchauffer et la plupart se ranimèrent. Cela démontre d'une façon péremptoire que, dans nos contrées, les insectes qui subissent un froid moins intense, ne doivent pas périr.

Enfin, quelle conclusion devons-nous tirer de cette étude ? C'est que les grands froids ne sont d'aucune utilité, qu'ils peuvent être nuisibles, et qu'ils sont toujours désagréables. Pour terminer, examinons encore en quelques lignes les causes présumées de ces hivers sibériens. Je n'en citerai que quatre des plus suggestives.

1re Cause. — On a invoqué les taches du soleil, mais cette influence néfaste n'est rien moins que prouvée.

2e Cause. — Dernièrement, M. Mascart fit à l'Académie des sciences une série de communications de la plus haute importance. Il a annoncé, notamment, qu'il fallait remonter à l'année 1740 pour trouver un hiver aussi rude que celui que nous venons de passer, et qu'on a observé avec des photo-jumelles des masses argentées d'une forme particulière à une altitude énorme, quinze ou vingt fois supérieure à celle que l'on attribuait aux cirrus.

Cette observation a été vérifiée tout récemment dans une ascension aérostatique qui atteignit 9,100 mètres. Or, à 8,900 mètres l'aérostat traversa un nuage composé de petits flocons de neige parfaitement formés, qui, bien certainement, vu de la terre, aurait donné l'aspect d'une masse argentée semblable à celle qui a été signalée par M. Mascart.

Nul doute que la présence de ces voiles doivent exercer certains effets sur les éléments de la terre.

3e Cause. — On accuse le refroidissement du Gulf-Stream et les glaces flottantes. Personne n'ignore que le Gulf-Stream, dit Emile Gautier, est le plus grand régulateur de la température moyenne de l'Europe occidentale. C'est lui qui donne à l'Islande sa végétation plantureuse. C'est lui qui permet aux myrtes et aux camélias de pousser en pleine terre le long de ce chapelet de paradis terrestre qui va de Roscoff à l'île de Wight, en passant par Dinard, Jersey, Le Clos-Poulet et Cherbourg.

Admettez maintenant que, pour une cause quelconque, les eaux du Gulf-Stream viennent accidentellement à se refroidir, vous avez la clef du mystère et l'anormale sévérité du présent hiver. Eh bien, c'est, paraît-il, ce qui s'est produit précisément cette année où des bancs de glace se sont montrés, dit-on, singulièrement énormes et nombreux au large de Terre-Neuve et même beaucoup plus bas vers le Sud.

4e Cause. — La quatrième cause est attribuée à la déclinaison de la lune. M. Henri Parville s'exprime en ces termes dans les annales politiques et littéraires :

«Nous avons dit dernièrement qu'alors que les météorologistes annonçaient un hiver doux pour 1894-1895, nous avions, au contraire, prédit un hiver rigoureux. Et la règle que nous avons découverte n'a pas encore été mise en défaut jusqu'ici. Or, la loi est celle-ci : hivers froids aux déclinaisons lunaires de 18°, 26°, 28°.

« Qu'entend-on par déclinaison d'un astre ? Sa distance, au-dessus de l'Equateur céleste, mesurée sur le grand cercle qui passe par la ligne des pôles célestes. La déclinaison est l'analogue de la latitude.

« On sait que le soleil traverse deux fois par an l'Equateur céleste (equinoxes), il s'élève dans l'hémisphère boréal jusqu'à une hauteur fixe de 23° 27' 38", c'est-à-dire que sa déclinaison étant nulle ou zéro à l'équinoxe, croît sans cesse jusqu'à 23° 1/2 au solstice, puis diminue de nouveau et passe dans l'autre hémisphère jusqu'à 23° 1/2. La lune offre un mouvement analogue, seulement au lieu de durer un an, il a lieu en vingt-neuf jours à peu près.

« Il y a cependant une grande différence dans les déclinaisons de la lune et du soleil. Chaque année, au solstice, la déclinaison du soleil est invariablement de 23° 1/2. Il n'en est pas de même pour la lune. Chaque année, sa déclinaison maximum varie ; elle est d'abord très petite et ne dépasse pas 18°, puis, l'année suivante, la déclinaison maximum à chaque lunistice mensuel augmente, passe par 21° puis par 26° et enfin, au bout d'un peu plus de neuf ans, elle arrive à 28°, chiffre qu'elle atteint en ce moment. En suite la hauteur de la lune au-dessus de l'Equateur céleste diminue et repasse successivement par les déclinaisons maximnm de 26°, 21°, 18° en neuf années approximativement. De sorte que la variation, dans son ensemble, embrasse une période d'environ 18 ans 2/3, intervalle de temps nécessaire pour que les nœuds de la lune fassent le tour entier de l'écliptique.

« Ainsi, les déclinaisons lunaires maximum changent chaque année, loin d'être fixes comme celles du soleil et c'est pour cela que nous exprimons la loi de périodicité des hivers rigoureux en disant : hiver froid aux déclinaisons maximum de 18°, 26°, 28°. »

Cette action de la lune sur notre atmosphère paraît en effet se confirmer, car M. Poincarré vient de remettre à l'Académie des sciences un mémoire établissant, par des renseignements tirés des divers services des avertissements des deux hémisphères, que l'opinion populaire, attribuant à la lune une influence sur l'état du temps, se trouve justifiée par les observations scientifiques actuellement exécutées sous tous les climats. Mais si notre satellite fait sentir son action sur notre atmosphère, ce n'est point par la succession de ses phases ; c'est en provoquant de fortes pressions et par conséquent des vents nord dans nos régions toutes les fois qu'elle atteint une grande hauteur au-dessus de l'horizon lors de son passage au méridien. Cette découverte, déjà pressentie par M. Bouquet de la Grye, se trouve aujourd'hui complètement confirmée et corrobore ainsi la loi Parville, et j'ajoute qu'elle prouve également que la science ne fait pas encore faillite.

Ces explications, ces démonstrations des effets cosmiques que nous subissons actuellement ne sont donc plus hypothétiques, et en prenant le cachet des sciences exactes, elles deviennent de plus en plus intéressantes ; elles nous montrent aussi toute la passion que fait naître chez les savants ces phénomènes atmosphériques qui gouvernent notre globe terrestre et l'ardeur qu'ils mettent à découvrir les causes cachées qui les régissent.

Vous, Messieurs les observateurs, par vos travaux suivis, vos relevés exacts, vous aidez à la recherche de ces inconnus qui sont d'intérêt général, et, en contribuant à la prospérité de notre pays, vous vous en partagez la gloire.

RÉCOMPENSES.

Messieurs, pour la quatrième fois en quatre ans, nous allons remettre, au nom de M. le Ministre de l'Instruction publique, à l'un de. vous, une médaille d'argent. C'est la vingt-cinquième médaille, tant que bronze, argent et vermeil que la Commission météorologique de la Marne a obtenue depuis sa fondation. Ce chiffre respectable place toujours notre commission dans un bon rang parmi les autres et ses succès, soutenus et croissants doivent entretenir votre zèle et vous encourager dans vos travaux.

Conformément à l'avis émis par le Conseil du Bureau central météorologique, et d'après les propositions de la Commission météorologique de la Marne, M. le Ministre de l'Instruction publique a bien voulu accorder, pour l'année 1894,

Une *Médaille d'Argent* à M. BARGUET, instituteur-observateur à Fismes.

La Commission a accordé, en outre, comme témoignage de satisfaction des ouvrages scientifiques à MM. les observateurs dont les noms suivent :

MM. Appert,	instituteur	à Givry-en-Argonne.
Boiteux,	id.	à Sainte-Menehould.
Bouy,	id.	à Verzy.
Berton,	id.	à Bourgogne.
Bugnot,	id.	à Baslieux-les-Fismes.
Cuvillier,	id.	à Vavray-le-Petit.
Davesne,	id.	à Vertus.
Demange,	id.	à Pierry.

MM. Gallot,	instituteur	à Courtisols.
Henriot,	id.	à Sézanne.
Lafayette,	id.	à Sermaize.
Leblanc,	id.	à Bassuet.
Lejeune,	id.	à Passy-Grigny.
Maurupt,	id.	à Moivre.
Nominé,	id.	à Thiéblemont.
Peyrillout,	id.	à Montmirail.
Remion,	id.	à Vitry-en-Perthois.
Thomas,	id.	à Reims.
de Lesseville,	propre,	à Aulnay-l'Aître
Despocq,	id.	à Vanault-le-Châtel.
Pérot,	id.	à Vanault-les-Dames.
Pérard,	id.	à Vernancourt.

ANNÉE 1894

RÉSUMÉ MENSUEL ET ANNUEL

des Observations faites à Sainte-Menehould par M. Boiteux, instituteur-observateur, et à Aulnay-l'Aître par M. de Lesseville, correspondant.

JANVIER 1894.

I — PRESSION BAROMÉTRIQUE.

Maximum le 15 avec 758 m/m.
Minimum le 31 avec 742 m/m.

Excursion du mercure 16 m/m.

II — TEMPÉRATURE.

Température	Moyenne	à 8 h. du matin......	— 2° 04.
		minimum...........	— 4° 85.
		maximum	+ 4° 19.
	la plus élevée..................		+ 11° le 18.
	la plus basse..................		— 15° le 5.

III — DIRECTION DU VENT.

Vent dominant : sud, 14 jours sur 31

IV — ÉTAT DU CIEL.

État dominant : nuageux, 11 jours sur 31.

V — PLUIE.

Il est tombé dans le mois 40 millimètres 2 d'eau.
La plus forte cote a été de 8 millimètres 2, le 17.

VI — DIVERS.

Il y a eu.................... 21 jours de gelée.
7 id. de pluie.
4 id. de neige.
3 id. de gelée blanche.

FÉVRIER 1894.

I — PRESSION BAROMÉTRIQUE.

Maximum le 5 avec 767 m/m.
Minimum le 12 avec 747 m/m.

Excursion du mercure 20 m/m.

II — TEMPÉRATURE

Température	Moyenne	à 8 h. du matin......	+ 8° 80
		minimum...........	— 2° 15
		maximum...........	+ 7° 50
	la plus élevée..............		+ 11° 50 le 9
	la plus basse...............		— 12° 50 le 22

III — DIRECTION DU VENT.

Vents dominants S. O. E. et O, 7 jours sur 28.

IV. — ÉTAT DU CIEL.

Etat dominant : nuageux 12 jours sur 28.

V — PLUIE.

Il est tombé dans le mois 62 millimètres 2 d'eau.
La plus forte cote a été de 10 millimètre 4, le 1er.

VI — DIVERS.

Il y a eu.................... 19 jours de gelée.
13 id. de pluie.
2 id. de brouillard.
3 id. de neige.
5 id. de gelée blanche.
1 id. brumeux.

MARS 1894.

I — PRESSION BAROMÉTRIQUE.

Maximum le 5 avec 761 m/m.
Minimum le 15 avec 739 m/m.

Excursion du mercure 22 m/m.

II — TEMPÉRATURE.

Température	moyenne	à 8 h. du matin.....	+ 4° 45.
		minimum..........	+ 0° 80.
		maximum..........	+ 13° 10.
	la plus élevée.................		+ 20° 75.
	la plus basse.................		— 4° 50.

III — DIRECTION DU VENT.

Vent dominant : Est 13 jours sur 31.

IV — ÉTAT DU CIEL.

Etat dominant : nuageux 15 jours sur 31.

V — PLUIE.

Il est tombé pendant le mois 39 millimètres 45 d'eau.
La plus forte cote a été de 14 millimètres le 6.

VI — DIVERS.

Il y a eu.................. 16 jours de gelée
9 id de gelée blanche.
11 id. de pluie.

L'Aisne a débordé le 7, le 8 et le 9.

AVRIL 1894.

I — PRESSION BAROMÉTRIQUE.

Maximum les 5, 9, 10 avec 754 m/m.
Minimum le 23 avec 744 m/m.

Excursion du mercure 10 m/m.

II — TEMPÉRATURE.

Température	moyenne	à 8 h. du matin.....	+ 9° 22.
		minimum..........	+ 2° 46.
		maximum..........	+ 20° 65.
	la plus élevée, le 11...........		+ 28° 25.
	la plus basse, le 23............		— 3°.

III — DIRECTION DU VENT.

Vent dominant : Sud, 13 jours sur 30.

IV. — ETAT DU CIEL.

Etat dominant : nuageux, 25 jours sur 30.

V — PLUIE.

Il est tombé pendant le mois 23 millimètres 80 d'eau.
La plus forte cote a été de 16 millimètres 40, le 26.

VI — DIVERS.

Il y a eu..................... 4 jours de gelée.
1 id. de givre.
14 id. de pluie.
3 id. d'orage.

Beaucoup d'arbres fruitiers, poiriers et cerisiers sont attaqués par les vers, et les fruits tombent.

MAI 1894.

I. — PRESSION BAROMÉTRIQUE.

Maximum le 8 avec 757 m/m.
Minimum le 27 avec 741.5 m/m.

Excursion du mercure 15.5 m/m.

II. — TEMPÉRATURE.

Température	Moyenne	à 8 h. du matin.....	+ 4° 80
		minimum..........	+ 4° 80
		maximum..........	+ 19°
	la plus élevée, le 18...........		+ 30° 1/2
	la plus basse le 27............		— 3°

III. — DIRECTION DU VENT.

Vents dominants : N. S. O. 9 jours sur 31.

IV. — ÉTAT DU CIEL.

Etat dominant : Nuageux, 15 jours sur 31.

V. — PLUIE.

Il est tombé 24^{mm} 6 d'eau pendant le mois.
La plus forte cote a été de 13^{mm} le 11.

VI. — DIVERS.

Il y a eu....................	12	jours	de pluie.
	1	id.	de gelée.
	1	id.	de brouillard.
	2	id.	de gelée blanche.
	1	id.	d'orage.
	1	id.	de grêle.

La gelée du 27, — 3° a causé de sérieux dégâts ; les pommes de terre, les haricots, les seigles et les vignes sont gelés dans les environs de Sainte-Menchould.

JUIN 1894

I. — PRESSION BAROMÉTRIQUE.

Maximum le 30 avec 761 m/m.
Minimum le 7 avec 746 m/m.
Excursion du mercure 15 m/m.

II. — TEMPÉRATURE.

Température	Moyenne	à 8 h. du matin....	+ 14° 33
		minimum.........	+ 7° 65
		maximum.........	+ 21° 87
	la plus élevée...............		+ 28° le 30.
	la plus basse................		+ 2° 5 le 20.

III. — DIRECTION DU VENT.

Vent dominant : Sud, 10 jours sur 30.

IV. — ÉTAT DU CIEL.

État dominant : Nuageux 17 jours sur 30.

V. — PLUIE.

Il est tombé dans le mois 66^{mm} 5 d'eau.
La plus forte cote a été de 13^{mm} le 18.

VI. — DIVERS.

Il y a eu 18 jours de pluie. — La première coupe de luzerne a été en générale perdue par suite des pluies continues. — La récolte des foins se fait dans les meilleures conditions possibles.

JUILLET 1894.

I. — PRESSION BAROMÉTRIQUE.

Maximum le 1er avec 761 m/m.
Minimum le 18 avec 748 m/m.

Excursion du mercure 13 m/m.

II. — TEMPÉRATURE.

Température	Moyenne	à huit h. du matin...	+ 17° 37
		minimum...........	+ 10° 71
		maximum..........	+ 26° 37
	la plus élevée................		+ 33° le 2.
	la plus basse.................		+ 6° 50 le 6.

III. — DIRECTION DU VENT.

Vent dominant : Sud, 13 jours sur 31.

IV. — ÉTAT DU CIEL.

État dominant : Nuageux 23 jours sur 31.

V. — PLUIE.

Il a tombé dans le mois 39^{mm} d'eau.
La plus forte cote a été de 9^{m} 9 le 30.

VI. — DIVERS.

Il y a eu 17 jours de pluie.
5 id. d'orage.

AOUT 1894.

I. — PRESSION BAROMÉTRIQUE.

Maximum les 12 et 30 avec 759 m/m.
Minimum les 3 et 15 avec 749 m/m.

Excursion du mercure 10 m/m.

II. — TEMPÉRATURE.

Température			
	Moyenne	à 8 h. du matin.	+ 14° 74
		minimum......	+ 9° 34
		maximum......	+ 22° 75
	la plus élevée...........		+ 30° le 7.
	la plus basse............		+ 5° les 19, 30, 31.

III. — DIRECTION DU VENT.

Vent dominant S. O. 10 jours sur 31.

IV. — ÉTAT DU CIEL.

État dominant : Nuageux 25 jours sur 31.

V. — PLUIE.

Il est tombé pendant le mois 57mm 2 d'eau.
La plus forte cote a été de 12mm 7 le 8.

VI. — DIVERS.

Il y a eu..................... 20 jours de pluie.
1 id. de brouillard.
3 id. d'orage.

La récolte des blés, des avoines et des orges s'est faite dans de très mauvaises conditions.

SEPTEMBRE 1894.

I — PRESSION BAROMÈTRIQUE.

Maximum le 28 avec 760 m/m.
Minimum le 27 avec 747 m/m.

Excursion du mercure 13 m/m.

II — TEMPÉRATURE.

Température	Moyenne	à 8 h. du matin..	+ 11°89
		minimum........	+ 5°53
		maximum........	+ 20°50
	la plus élevée..............		+ 29° le 2
	la plus basse...............		— 0°5 les 12, 29

III — DIRECTION DU VENT.

Vent dominant : Est, 13 jours sur 30.

IV — ETAT DU CIEL.

Etat dominant : couvert, 13 jours sur 30.

V — PLUIE.

Il est tombé dans le mois 88 milimètres 9 d'eau.
La plus forte cote a été de 18 millimètres 1, le 24.

VI — DIVERS.

Il y a eu...................... 12 jours de pluie.
3 id. d'orage.
1 id. de brouillard.

Les semailles des blés commencées le 21 septembre ont été contrariées par les pluies. Il en a été de même de la récolte des betteraves à sucre.

OCTOBRE 1894.

I — PRESSION BAROMÉTRIQUE.

Maximum les 1er, 11 et 12 avec 760 m/m.
Minimum le 20 avec........... 738 m/m.

Excursion du mercure 22 m/m.

II — TEMPÉRATURE.

Température	Moyenne	à 8 heures du matin..	+ 8°4
		minimum...........	+ 3°79
		maximum	+ 14°53
	la plus élevée.................		+ 20°5 le 9.
	la plus basse.................		— 3°5 le 18.

III — DIRECTION DU VENT.

Vent dominant : Sud, 9 jours sur 31.

IV — ETAT DU CIEL.

Etat dominant : nuageux, 15 jours sur 31.

V — PLUIE.

Il est tombé dans le mois 62 millimètres 1 d'eau.
La plus forte cote a été de 14 millimètres 2 le 24.

VI — DIVERS.

Il y a eu...................... 17 jours de pluie.
1 id. d'orage.

Les semailles de blé se sont faites dans de bonnes conditions. La récolte des betteraves est moyenne et la densité est de 7,5. La récolte des pommes et des poires a été au-dessus de la moyenne.

NOVEMBRE 1894.

I — PRESSION BAROMÉTRIQUE.

Maximum les 21 et 22 avec 764 m/m.
Minimum le 12 avec...... 743 m/m.

Excursion du mercure 21 m/m.

II — TEMPÉRATURE.

Température	Moyenne	à 8 h. du matin..	+ 4°81
		minimum........	+ 2°13
		maximum........	+ 11°38
	la plus élevée..............		+ 18° le 11.
	la plus basse...............		— 2°75 les 24-30

III — DIRECTION DU VENT.

Vents dominants : Sud-Ouest et Est, 10 jours sur 30.

IV — ETAT DU CIEL.

Etat dominant : nuageux, 15 jours sur 30.

V — PLUIE.

Il est tombé dans le mois 23 millimètres 8 d'eau.
La plus forte cote a été de 7 millimètres 1, le 9.

VI — DIVERS.

Il y a eu........................	9	jours	de pluie.
	8	id.	de gelée.
	1	id.	de brouillard.
	1	id.	de neige.
	1	id.	de tempête.

Le mois a été consacré à la fin des semailles de blé, de l'arrachage des betteraves, et aux labours d'hiver.

DÉCEMBRE 1894.

I — PRESSION BAROMÉTRIQUE.

Maximum le 26 avec 766 m/m.
Minimum le 30 avec 736 m/m.

Excursion du mercure 30 m/m.

II — TEMPÉRATURE.

Température	Moyenne	à 8 h. du matin..	—	0°29
		minimum.......	—	2°55
		maximum	+	2°83
	la plus élevée.......... ...		+	10° le 15.
	la plus basse		—	9° les 11 et 12.

III — DIRECTION DU VENT.

Vent dominant : sud, 10 jours sur 31.

IV — ETAT DU CIEL.

Etat dominant : couvert, 13 jours sur 31.

V — PLUIE.

Il est tombé dans le mois 57 millimètres 05 d'eau.
La plus forte cote a été de 11 millimètres 6, le 30.

VI — DIVERS.

Il y a eu........................	27	jours	de gelée.
	12	id.	de pluie.
	8	id.	de brouillard.
	2	id.	de neige.
	7	id.	de givre.
	1	id.	de grêle.

RÉSUMÉ DE L'ANNÉE 1894

I. — PRESSION BAROMÉTRIQUE.

Maximum : 767 m/m, en février.
Minimum : 738 m/m, en octobre.

Moyenne...	Maximum : 760 m/m 66.
	Minimum : 743 m/m 33.

II. — TEMPÉRATURE.

Température.....	Moyenne ...	à 8 heures du matin	+ 8° 15.
		minimum........	+ 3° 48.
		maximum.	+ 15° 61.
	la plus élevée..........		+ 33° le 2 juillet.
	la plus basse...........		— 15° le 5 janvier

III. — DIRECTION DU VENT.

DIRECTION du VENT.	A 8 HEURES du MATIN.	A MIDI.	A 4 HEURES du SOIR.	OBSERVATIONS.
N.	48	35	35	
N.-O.	17	17	20	
N.-E.	6	7	6	Vent dominant.
S.	103	103	104	
S.-O.	46	49	54	S.
S.-E.	27	30	26	
E.	59	58	62	104 sur 365.
O.	59	66	58	
Totaux.	365	365	365	

IV. — ÉTAT DU CIEL.

NOMBRE de JOURS.	A 8 HEURES du MATIN.	A MIDI.	A 4 HEURES du SOIR.	OBSERVATIONS.
Couvert..	93	75	86	
Nuageux .	144	168	173	État dominant.
Pur......	80	72	73	
Pluvieux .	34	45	30	Nuageux.
Neigeux..	5	2	1	
Brumeux.	9	3	2	173 sur 365.
Totaux.	365	365	365	

V. — PLUIE.

Il est tombé pendant l'année 512 millimètres 4 d'eau, ce qui donne une moyenne mensuelle de 42 millimètres 7.

La plus forte cote a été de 18 millimètres 2, le 26 septembre.

VI. — DIVERS.

Il y a eu 96 jours de gelée.
27 id. de givre.
131 id. de pluie.
10 id. de neige.
13 id. de brouillard.
10 id. d'orage.
2 id. de grêle.
1 id. de tempête

La rivière de l'Aisne n'a débordé que 4 fois : 1 en janvier, le 23, et 3 fois en mars, les 7, 8 et 9.

Châlons, Typ.-Lith. MARTIN frères.

www.ingramcontent.com/pod-product-compliance
Lightning Source LLC
LaVergne TN
LVHW012013160826
845678LV00002B/800